最新中小户型——天花·地面

金长明　主编

辽宁科学技术出版社

·沈阳·

CONTENTS 目录

设计：张 新

设计：张 新

设计：吴成玉

设计：赵隆镇

设计：泉港华田装饰设计

装修秘籍

天花

　　随着家居市场的成熟和家居装饰水平的提高，老百姓已不再满足于厨房和卫浴空间的常规吊顶，家居吊顶也出现在客厅、餐厅、卧室、玄关、过道等空间。吊顶的设计不但能为整个居室增加味道，而且还可以让整个空间显得更为开阔，所以家居吊顶设计就成为家居装修装饰需要考虑的问题。近年来，吊顶在家庭装修中的使用率越来越高，从最初的纸糊顶棚到后来的石膏板，再到如今的PVC板、PS板、矿棉板、铝扣板等，无论是材料的种类和使用寿命，还是装饰效果，都有了很大进步。

　　天花在整个居室装饰中占有相当重要的地位，对于中小户型的居室而言，顶棚作适当的装饰，不仅能美化室内环境，还能营造出丰富多彩的室内空间艺术形象。但小户型的居室大多较矮，所以天花吊顶应点到为止，较薄的、造型较小的吊顶装饰应该成其首选。

设计：张锐霖

设计：泉港华田装饰设计

设计：于海涛

■ 天花设计的基本原则

　　1. 注重整体环境效果。顶棚、墙面、地面共同组成室内空间，共同创造室内环境效果，设计中要注意三者的协调统一，在统一的基础上各具自身的特色。

　　2. 满足实用、美观的要求。一般来讲，室内空间效果应是下重上轻，所以顶棚装饰力求简洁完整、突出重点，同时造型要具有轻快感和艺术感。

　　3. 保证合理性和安全性。在选择吊顶装饰材料与设计方案时，要遵循牢固、安全，又美观、实用的原则。顶棚的装饰应保证顶棚结构的合理性和安全性，不能单纯追求造型而忽视安全。

设计：徐 柯

设计：吴秋生

设计：才 龙

设计：张锐霖

设计：刘晓会

设计：程伟永

装修秘籍

■ 小户型的天花设计有三招

　　1. 曲线造型天花：有的房子在设计吊顶的时候，将天花板设计成一个个边框形状，棱角很分明，体现着一种刚性美。可是这种设计对于小户型来说并不适用，很容易产生突兀感，人在这种环境中很难放松。因此装修小户型天花的时候，应尽量避免棱角，如果非得要设计一个图案，就尽量做成圆形或者椭圆形。

　　2. 镜面装饰墙面：为了消除吊顶带来的突兀感，也可以在墙面上做文章。如果小户型房子做了吊顶，那墙面就不要处理成暗色，否则会显得太阴沉。墙面应以浅色为主，如米黄色、象牙白色等，也可以用反光的材料，如镜面来装饰墙面，这样容易扩大房间的空间感。

　　3. 局部吊顶：空间要做大，一定要在顶棚上动脑筋。吊顶随便一做也要降低高度30厘米，顶棚若没有杂乱线路就无须再做木作吊

设计：秦　威

设计：戴文强

设计：大连金世纪装饰　尚英杰

设计：大连金世纪装饰　王禹

设计：大连金世纪装饰

顶，这样可以大量缩减昂贵的人工木作，也可以创造空间高度，若不得已一定需要吊顶，亦可只做局部吊顶，这样不仅可以整理线路于其间，亦可造成高低错落的视觉趣味。

■ 小户型天花的三个功能

　　1. 用来弥补原建筑结构的不足。如果层高过低，可以通过吊顶进行处理，利用视觉的误差，使房间变高。此外，吊顶还可以弥补原建筑的缺陷，比如房顶的横梁、暖气管道露在外面等，可以通过吊顶掩盖，使顶面整齐有序而不显杂乱。

　　2. 用来丰富室内光源层次，使室内达到良好的照明效果。有些住宅原建筑照明线路单一，照明灯具简陋，无法创造理想的光照环境。通过吊顶，不仅可以将许多管线隐藏起来，还可以合理预留灯具安装部位，以产生点光源、线光源、面光源相互辉映的光照效果，使室内增色不少。

设计：吴秋生

设计：张富强

设计：袁野

装修秘籍

3. 分割空间。吊顶是分割空间的手段之一。通过吊顶，可以使原来层高相同的两个相邻空间变得高低不一，从而划分出两个不同的区域。如客厅与餐厅，通过吊顶分割，既可使两部分分工明确，又可使下部空间保持连贯、通透，一举两得。

■ **适合小户型的三种天花形式**

1. 平板天花：是指其表面没有任何造型和层次，这种吊顶构造平整，简洁，利落大方，材料也较其他的吊顶形式为省，适用于各种居室的吊顶装饰。平板吊顶一般是以PVC板、石膏板、玻璃等为材料，照明灯安装在顶部平面之内。

2. 局部天花：主要用于层高比较低的房间，可用于卧室、书房等。客厅也可以采用异形吊顶，方法是采用云形的波浪线或者不规则的弧线。采用平板吊顶的形式，是为了隐藏居室的水、暖、气管道，而房间高度又不允许进行全部吊顶的情况下宜采用的吊顶方式。最好的情况是这些水、电、煤气管道靠近边墙附近，容易把顶部的管线遮挡在吊顶内。这样装修后的顶面就可以形成两个层次，但是一般不要

设计：贾建新

设计：刘晓阳

设计：寒泉设计

设计：贾建新

设计：赵隆镇

超过整体顶面面积的三分之一，不在这个比例范围内，就很难达到好的效果。

　　3. 格栅式天花：先用木材做成框架，镶嵌上透光或磨砂玻璃，光源在玻璃上面，一般适用于居室的餐厅和门厅。

　　格栅式吊顶的优点是灯光比较柔和，营造出来的氛围比较轻松和自然。这也属于平板式吊顶的一种，但是比平板吊顶装修出来的效果更生动、活泼一些。

■ 天花装饰的五个注意事项

　　1. 要与地面摆设相协调。以直线吊顶为例，直线吊顶围绕四周走一圈，相当于把某个区域框出来了，此时，如果顶面灯具位于吊顶的中心点，地面家具的摆放应与其相呼应，否则，人坐在沙发上，看头顶的灯，会感觉灯是歪的。

　　2. 选材第一重安全。为达到更好的效果，有的业主会考虑采用玻璃和镜子等材料，确实能为吊顶增色不少。但是与石膏板和木质材

设计：程伟永

设计：张富强

设计：贾建新

设计：梵石设计

设计：尚 丹

装修秘籍

料相比，玻璃和镜子都只能用胶水或者镜钉来固定，牢固性不如石膏板和木质材料，所以还是应该尽量少用。

3. 装修吊顶所用的材料必须是不燃或难燃的材料。因为吊顶下面要悬挂吊灯，吊顶里面一般都要设置照明、空调等电气管线，如果采用易燃材料，很容易引起火灾。

4. 吊顶型面最好设置检修孔。设置检修孔的目的是如果吊顶内管线设备出了故障，可以通过检修孔查看是什么原因造成的。如果觉得设置检修孔影响美观，可以把它设置在比较隐蔽而又容易检查的部位。

5. 厨房和卫生间的吊顶最好选用不吸潮的材料。这两个地方比较潮湿，如果吊顶材料是易吸潮材质，则容易出现变形和脱皮现象，因此厨房和卫生间的吊顶最好选用金属、塑料等材质。

设计：吴成玉

设计：吴秋生

设计：大连设计师 魏晓帅

■ 聚焦小户型的天花颜色

建议一：顶棚颜色不能比地板深。顶棚一般不超过三种颜色，选择顶棚颜色的最基本法则就是色彩最好不要比地板深，否则很容易有头重脚轻的感觉。尤其是层高较低时，以浅色较佳，可以产生拉伸视觉的效果。如果墙面色调为浅色系列，用白色顶棚会比较合适。

建议二：顶棚选色参考的因素。选择顶棚色彩一般需要考察瓷砖的颜色与橱柜的颜色，以协调、统一为原则；深色铝扣板一般为点缀，除非是设计师特意设计的风格。

建议三：墙面色彩强烈最适合用白色顶棚。一般而言，使用白色顶棚是最不容易出错的做法，尤其是当墙面已经有强烈色彩的时候，顶棚的颜色选用白色就不会抢走原本要强调的立面墙色彩，否则很容易因为色彩过多而产生紊乱的感觉。

建议四：若吊顶不高，以浅色较佳，能产生"高"的感觉。色彩的亮度要低，亮度高反而有压迫感。不妨选择加入大量白、灰或接近

设计：沈阳元洲装饰 朱琳琳

设计：常亚芬

设计：吴秋生

设计：吴秋生

设计：张富强

设计：赵隆镇

装修秘籍

白的颜色。因为一个立体空间中，在自然光的条件下，以受光度而言，地板最亮，墙壁次之，吊顶最暗。

■ 吊顶与墙面相辅相成

　　吊顶是在墙面的基础上搭配起来的，它与墙面紧密相连，在整体设计上是一个连续的整体，与色彩的应用、材料的选择以及造型的搭配都有着千丝万缕的联系。在吊顶的设计上要与墙面的设计以及整体居室氛围相协调。其永恒的定律是：吊顶浅、墙面中、地面重。在色彩上不要太深，色彩太深、太过花哨会给人以压抑拥堵的感觉。

■ 中式吊顶的设计技巧

　　古典中式风格的吊顶一般以中式古典花格为装饰主题，包括棕色、褐色、原木色、白色、紫色等各色木质花格，对于中小户型，可以

设计：北 尚

设计：赵隆镇

设计：赵隆镇

设计：赵隆镇

设计：张富强

局部使用或者作为点缀装饰对称使用。其花格里层还可以打上灯带，或者覆一层超薄磨砂玻璃，打上相应的灯光。也可以用中式花格作一圈装饰，中间布置一些具有艺术品位的中式灯饰。

　　而现代中式风格则推崇简约，使用的古典元素相对来说较少，可以做成四角对称的简单古典花格装饰，或者做成一圈，总之越简单越好，对古典元素的使用点到为止。

■ 混搭吊顶的设计技巧

　　现在家装界流行混搭，设计混搭，陈设混搭，而吊顶造型也可以混搭。建议在设计吊顶时要与墙面充分配合，将一般用于墙面的乳胶漆、壁纸等材料用于设计吊顶，使吊顶更加温馨、柔和，不至于感觉太硬。比如墙面用瓷砖或乳胶漆装饰，吊顶用壁纸装饰；电视墙与吊顶可以连在一起成为一个统一体。

设计：赵隆镇

设计：大连金世纪装饰　尚英杰

设计：大连金世纪装饰　高丽丽

装修**秘籍**

　　中式风格的家居可以用木格吊顶，木格顶采用原木或大芯板做框架，再做面板，中间可穿插一些中式雕花木格。或是用软装的纱幔，吊搭成波浪形，柔化空间，营造浪漫气氛。还有些欧式设计采用石膏板与壁纸结合，吊顶四边装饰壁纸，中间做成欧式圆形吊顶。类似上述多种材料结合做成的吊顶也是现在的一种流行趋势。

■ 小户型的天花避免让人感觉压抑

　　如果吊顶使人感到压抑，一般是几方面原因造成的，即色彩、造型、高度和光线。色彩太重，会让人感觉到压抑；造型太复杂，会让人感觉头顶不踏实；层高太低，却做成复式吊顶，使层高缩减，肯定会让人觉得压抑；光线若搭配不好，如灯光过于灰暗，射灯或强光源的影响时间长等，也会让人有压抑的感觉。

　　在做吊顶时，一定要考虑以上这几个因素，不能因为过于强调其中某个因素而忽视了其他因素。尽管彩色的天花板可以提升房间的个

设计：赵隆镇

设计：大连金世纪装饰　张朝亮

设计：魏晓帅

设计：赵隆镇

设计：侯予玄

性，但一定要注意颜色不要使用过剩。在基础生活区，尽量保持简单的天花板处理，这样就不会产生视觉疲劳。

■ 中小空间利用吊顶改变视觉感

　　有没有做吊顶，决定着室内空间有没有层次感。做吊顶也很有讲究，不是挑高房或正常2.8米层高才能做吊顶，有时层高较低的房子做吊顶反而可以减少它的压抑感。从视觉角度上讲，层高低的房子更应该利用吊顶将同一区域进行空间划分，显示出有高有低，使得视觉中的空间更加错落有致，反而可以使原先一大片平顶压力大、视觉压迫感强的情况得到改善。

设计：吴秋生

设计：赵隆镇

设计：唐 丹

设计：沈阳方林 马壮

设计：陆槛槛

装修**秘**籍

客厅天花吊顶

■ 中小户型的客厅天花宜高宜亮

　　室内空间一定要给人明亮的感觉。如果天花板过低，会有压迫感，通风也会不顺畅，使室内显得低沉、暗淡，会影响居住者的心情。层高过低的天花板，装修时不可再用暗色调，最好比地板的颜色浅，在视觉上才不会有头重脚轻或压顶之感。天花板上的灯光也一定要充足，最好用圆形的吊灯或吸顶灯，不管用什么灯，圆形的最好，有处事圆满的寓意。

设计：张锐霖

设计：大连金世纪装饰　何群

设计：铭城印象

■ **中小户型客厅天花宜简单、明快**

客厅天花板的颜色宜浅淡为主，宜轻不宜重，例如浅蓝色，既明亮幽深，又象征晴朗的蓝天；而乳白色则象征朵朵白云，洁白无瑕；也可以漆成浅灰色、浅黄色等。总之，天花板的颜色宜浅不宜深。颜色浅淡的客厅天花板，给人云淡天高、轻松明快的感觉。

■ **中小户型客厅的天花造型**

1. 用石膏线在天花板四周造型：这种吊顶严格来说不算是吊顶，但它有价格便宜、施工简单的优点，如果跟房间的装饰风格相协调，也会取得不错的效果。四周做吊顶，中间留灯池，这种吊顶可以利用木材夹板做成各种形状，再搭配上射灯或者筒灯，在没有做吊顶的顶棚中间安装上比较漂亮的吸顶灯会使房间有增高的感觉。

设计：赵隆镇

设计：沈阳元洲装饰　张健

设计：胡狸设计

设计：大连金世纪装饰　王禹

设计：戴文强

设计：赵隆镇

装修**秘**籍

2. 将客厅四周的顶棚做厚，而中间部分做薄，从而形成两个明显的层次。这种做法要特别注重四周顶棚的造型设计，在设计过程中还可以加入主人自己的想法和喜好，从而设计成具有现代气息或传统气息的不同风格。如果是现代简约式的装修风格，可以中间用木龙骨做骨架，面板上面可以安装不透明的磨砂玻璃，在玻璃上方安装顶灯，这样既现代时尚又有使房间增高的感觉。

■ 客厅吊顶和吊灯造型忌尖锥形

在设计选择时，客厅吊顶造型及花纹图案的设计最好不要采用尖锥形的，各个花纹要带有祈福迎祥的寓意。其中以水波纹最为常见，体现出空间及其居住者丰富的精神内涵，也体现了中国的传统文化。在选择吊灯时，不要选择倒挂的尖角形、锥形，否则容易形成心理压迫感。可选择圆形灯，象征和谐、美满，也可以选择方形灯，寓意平平安安。在顶部电器的设计布局上，应避免呈三角形排列组合，可采用方、圆、直线的设计排列。

设计：张　峰

设计：大连金世纪装饰　王志蓝

设计：张喆赫

设计：寒泉设计

设计：赵隆镇

■ **秋季客厅装修宜选择硅酸天花板**

　　天花板的材料主要有木板（又称夹板）、石膏板以及硅酸板三种。这三种材料的成本价都差不多，但材质性能与工艺要求却存在较大差别，总体来说，硅酸板的硬度和稳定度相对较高，工艺难度也最高。有些人错误地认为秋季不似夏季容易受潮，故在客厅装修时使用木板和石膏板作为天花板材料，以简化装修工艺，事实上，由于秋季气候干燥，如果选用木板和石膏板很容易造成开裂，还是应当选用不易开裂的硅酸板，质量相对有保障。

设计：胡狸设计

设计：寒泉设计

设计：胡狸设计

装修**秘**籍

餐厅、厨房天花吊顶

■ 餐厅顶棚的设计

吊顶在餐厅装修中有重要的作用，能够美化室内环境，还能营造丰富多彩的室内空间的艺术形象，在选择装修材料以及求确定装修方案时要注意以下几点：

1. 预留好灯槽：在安装吊顶之前，要预先想好灯槽的位置，避免灯具找不到合适的安放位置，影响施工进度。

2. 小面积餐厅吊顶的设计：如果餐厅的面积不大，那么在设计吊顶的时候，可以选择样式简单的几何造型，如圆形和方形，搭配一

设计：张锐霖

设计：张锐霖

设计：寒泉设计

设计：赵隆镇

设计：陈文伟

些样式新颖、简约的灯具，用光线的反射来营造吊顶的立体效果。

3. 曲线吊顶与直线条家居的搭配：如果觉得空间中家具的样式太过僵硬，那么在吊顶的设计中就可以加入曲线的设计元素，利用线条的延伸来缓解室内空间过于呆板的感受。

■ 厨房的吊顶高度有讲究

在设计厨房的吊顶时，吊顶高度也是值得注意的问题。在保证吊顶各个电器模块正常使用的前提下，吊顶高度过低会产生压迫感，但同时也不宜设计得过高。所以，在选择集成吊顶时要找专业的品牌，尤其安装的时候，必须根据实际环境进行整体评估，设计出人性化的安装方案，从改变、选择、优化周边环境来表达自己对家装的需求和想法，这样装修出来的家居才能令居住者心情愉悦、身心健康。

设计：赵隆镇

设计：吴秋生

设计：刘 东

设计：赵隆镇

设计：徐 柯

装修**秘**籍

卧室、书房天花吊顶

■ 卧室、书房天花的设计

卧室天花的造型、颜色及尺度直接影响到人在卧室的舒适度。一般情况下，卧室的天花宜简不宜繁，宜薄不宜厚。

如果居室层高较低，最好不要做吊顶，因为吊顶使本来就不大的室内空间变得更小。常规的卧室顶面原本四平方正，也无需再大动干戈非要将顶棚做出花样。清淡的一条阴角线或平角线都可以起到装饰的作用。过分装饰只能造成视觉上的负担。

设计：胡狸设计

设计：徐 柯

设计：寒泉设计

■ **卧室天花的装饰宜忌**

　　卧室的床应与天花板平行，墙面应与床垂直，令人躺下后心绪平静，没有压抑感。卧室吊顶不宜采用斜顶或是古怪的形状；过多、过厚的天花会使人产生压抑感，而且浪费装修费用。还要注意的是，如果卧室的顶灯距离床太近，就会让人有压抑的感觉；同时，灯所散发的热量和过强的光照会让人产生不适感。

■ **床头上方出现横梁应合理化解**

　　卧室是家人休息和睡觉的场所，讲求精神放松、情绪舒缓，如果卧室顶上有横梁，则会使卧室里的人时常处于紧张不安的状态，会影响休息和健康。化解的方法有两种：

设计：李琳飞

设计：解苏霆

设计：恒浩装饰

设计：寇佳男

设计：李琳飞

设计：李琳飞

装修秘籍

　　1. 如果卧室的层高比较高，可以将横梁用假天花板的方式包裹起来，让顶面呈现完整的平面；如果卧室的层高比较低，则可以在横梁上作一些特别的装饰，比如做成一个心形的花架等，尽可能地弱化横梁的直观影响。

　　2. 在横梁下方放置适当的植物，如长势旺盛的富贵竹、铁树、棕榈等，寓意是将横梁的压力顶回去。如果横梁正好在床头上方，那么就应移动床头的位置让它不要正对横梁，也能起到缓解的作用。

■ 吊顶使用灯带的注意事项

　　1. 灯带一般是在吊顶造型、墙面造型或者家具造型中使用。

　　2. 建议灯带选择冷光源，尽量不用射灯等高温光源，因为这些普通光源，在使用一阵后就会发热，然后吸附灰尘，甚至光源附近的墙面都会变黑，而且无法清理。

设计：李芝强

设计：寇佳男

设计：刘杰

设计：刘洋 黑龙江

设计：刘洋

3. 尽量选择一些LED的冷光源灯带，LED不但不会发热，而且能耗还很低，可以任意弯曲造型，使用寿命也比普通光源长很多，是制作灯带的最佳选择。

天花吊顶装修材料的常识

目前装修吊顶的材料主要有：石膏板、硅酸板、木板、塑钢板、铝扣板、PVC板、玻璃等。前两种材料的成本价都差不多，但材质性能与工艺要求却存在较大差别。石膏板容易受潮；硅酸板的防潮功能则比较好，但材料较重，工艺难度也比较大，比较费时费力。相对来说，木板比较轻，容易加工成型，但缺点是易受潮。玻璃容易碎，而且沉，不易作大面积的顶棚装饰；铝扣板和PVC板主要应用在厨房和卫生间。

设计：梅 力

设计：廖易风

设计：侯宇波

装修**秘**籍

此外，各种材料应用于具有不同风格的造型上，木板偏重自然原生态的风格，适合于美式和田园风格；石膏板则更适用于欧式风格和现代风格。在装修时，业主可以根据喜好和施工要求进行选择。

■ 石膏板的特点和选购技巧

石膏板是目前应该比较广泛的一类新型吊顶装饰材料，具有良好的装饰效果和较好的吸音性能，较常用的有浇筑石膏装饰板和纸面装饰吸音板。纸面石膏板具有隔音、隔热、抗震动性能好、施工方便等特点。

在选择吊顶纸面石膏板时，要注意纸面与石膏不要脱离，贴接度要好。最好试试石膏强度，可用指甲掐一下石膏是否坚硬，如果手感松软，则为不合格产品。或用手掰石膏板角，如易断、较脆则均为不合格产品。优质的吊顶石膏板表面的纸会经过特殊处理，应该非常坚韧，可以试着揭开这个纸面感觉一下，并且也要观察纸面和吊顶石膏板的板芯黏合度强不强，黏合力不强的吊顶石膏板比较容易损毁。另

设计：廖易风

设计：潘自立

设计：方路沙

设计：廖易风

设计：李清涛

外，由于吊顶石膏板一般用于装饰天花表面，所以也要留意其表面的平整光滑度。在挑选的时候，可以由两个人在石膏板长的两端，把石膏板抬起来，看看中间的弯曲度，劣质吊顶石膏板的弯曲度比较大，这也是判断吊顶石膏板好坏的方法之一。另外，还可以抖一下石膏板的两端，如果没有断裂就是合格的产品。

■ 石膏板吊顶施工的注意事项

1. 石膏板吊顶需要固定在牢固的木质龙骨框架上，因此要尽量选择握钉力较好的松木材质。由于龙骨是木质的，所以必须注意防火。规范的做法是先在龙骨的表面均匀涂刷防火涂料，等整根龙骨都见白了，再钉在墙上，这就保证了龙骨与墙壁接触的地方也能刷到防火涂料。

2. 要将两根龙骨固定，一般会用射钉枪在两者结合处斜向45°进行固定。这时需要掌握好力度，防止龙骨产生裂纹。

设计：彭 政

设计：彭 政

设计：吴文进

设计：松江典想装饰

设计：曹 军

装修**秘**籍

　　3. 正式安装石膏板时，最好让工人使用不锈钢材质的干壁钉固定石膏板，这样钉子不会生锈，将来可以保证石膏板长时间美观。石膏板上的钉眼可用水泥填补处理。

　　4. 两块石膏板之间存在的缝隙一定要处理好，一般可使用901胶水和石膏粉混合后填缝。用石膏粉填完缝隙后最好再用防裂胶带在表面贴一下，这样可以防止热胀冷缩造成顶面开裂。

　　■ 正确安装弧形石膏板吊顶

　　安装弧形石膏板吊顶的时候，通常都需要两个工人合作才能完成。首先，一个人要用手托住石膏板，另一个人则用刀在泡湿过的石膏板上划出一道道条纹，以此来做出圆弧造型。随后，一个人用手托住石膏板，另一个人使用专用工具，沿着一排排条纹钻出整齐的小孔，以上步骤完成后需用螺钉来固定。由于钉子无法受力，一段时间后就会松懈，因此用自攻螺钉来固定才能确保它的绝对稳固。

设计：姜 鑫

设计：高智龙

设计：侯宇波

■ 厨卫吊顶的材料特性

　　1. PVC塑料扣板。PVC塑料扣板重量轻、安装简便、防水、防蛀虫，表面的花色图案变化也非常多，并且其耐水、耐擦洗性能很强，相对成本较低。特别是新工艺中加入阻燃材料，使其能够离火即灭，使用更为安全。不足之处是与金属材质的吊顶材料相比使用寿命相对较短。如果PVC塑料扣板发生损坏，可以将其拆卸下来，再重新安装好，压条便可。要更换时应该注意尽量减少色差。

　　2. 铝扣板。铝扣板和传统的吊顶材料相比，质感和装饰感方面更优。相对PVC扣板而言，铝扣板的使用寿命更长，可连续使用20~60年，环保耐用。

　　铝扣板分为吸音板和装饰板两种。吸音板孔型有圆孔、方孔、长圆孔、长方孔、三角孔、大小组合孔等，其特点是具有良好的防腐、防震、防水、防火、吸音性能，表面光滑，底板大都是白色或铅灰色。装饰板特别注重装饰性，线条简洁流畅，按颜色分有古铜、

设计：杨荷英

设计：侯恒清

设计：侯宇波

设计：侯宇波

设计：于海涛

装修秘籍

黄金、红、蓝、奶白等颜色，按形状分有条形、方形、格栅形等，但格栅形是不能用于厨房、卫生间吊顶的，长方形板的最大规格是600mm×300mm，一般居室的宽度约5米，对小房间的装饰一般可选300mm×300mm的。由于金属板的绝热性能较差，为了获得一定的吸音、绝热功能，在选择金属板进行吊顶装饰时，可以利用内加玻璃棉、岩棉等保温吸音材质的办法达到绝热吸音的效果。

3. 塑钢吊顶。它以分子复合材料为原料，经加工成为企口式型材，具有重量轻、安装简便、防水、防潮、防蛀虫、环保等特点，它表面的花色图案变化也非常多，并且耐污染，好清洗，有隔音、隔热的良好性能，特别是新工艺中加入了阻燃材料，使其能离火即灭，使用更为安全。它成本低，装饰效果好，因此在家庭装修吊顶材料中占有重要位置，成为卫生间、厨房、阳台等吊顶的主导材料。首先在墙面弹出标高线，在墙的两端固定压线条，用玻璃胶与墙面固定牢固。板材按顶棚实际尺寸裁好，将板材插入压条内，板条的企口向外，安装端正后，用胶固定住，然后插入第二片板，以此类推，最后一块板应按照实际尺寸裁切，裁切时使用锋利的裁刀，用钢尺压住弹线切裁，装入时稍作弯曲就可插入上块板企口内，装完后两侧压条封口。塑钢吊顶型材的耐水、耐擦洗能力很强。日常使用中可用清洗剂擦洗

设计：张 新

设计：侯宇波

设计：侯宇波

设计：姜 鑫

设计：姜 鑫

后，用清水清洗；板缝间易受油渍污染，清洗时可用刷子醮清洗剂刷洗后，用清水冲净；注意照明电路不要沾水。塑钢吊顶型材若发生损坏，更新十分方便，只要将一端的压条取下，将板逐块从压条中抽出，用新板更换破损板，再重新安装，压好压条即可。更换时应注意新板与旧板的颜色需一样，不要有色差。

这三种材料中，铝扣板最为昂贵，PVC塑料扣板最便宜。

■ 铝扣板的选购技巧

1. 要了解铝扣板的质量。因为集成吊顶铝扣板有低、中、高档之分，劣质铝扣板多采用回收的垃圾铝材，材料来源不明，可能产生有害辐射，并有锈蚀、褪色等现象。

2. 选择铝扣板的时候应选择壁厚、韧性强的铝扣板。考察韧性的方法是：弯一下铝扣板的截面，看其弹性，质量好的应能够基本复

设计：姜 鑫

设计：姜 鑫

设计：姜 鑫

装修秘籍

原。市场上的铝扣板以0.6毫米、0.7毫米、0.8毫米厚的为主，一般所说的"7个厚"，就是指0.7毫米厚的铝扣板。

3. 看膜。装修业主可以拉扣板的边，如果出现起膜现象，则说明膜与扣板黏合不紧密。而优质铝扣板硬度强，薄厚均匀，漆面平整，无毛刺和色差。基材表面覆膜光泽好、无裂纹。

4. 看扣板背面。板材背覆一般都要作防腐处理，装修业主可以用手去抠，如果背覆能抠掉则说明其材质不好。

5. 辅材不容忽视。这是很多装修业主容易忽视的一点，辅材主要包括三角龙骨、主龙骨、吊杆、吊件等。要选用全金属安装框架，并用优质钢材制作各种辅件，在安装时涂刷抗腐蚀涂层是延长寿命的重点。

6. 一定要计算好龙骨、边角和阳角的价格。砍价时不要光盯着铝扣板，边条、龙骨是商家不引人注意的利润点。一般他们会说没几根，实际上只要你一算，边条的金额不是小数。

7. 选择安全电器。很多吊顶厂家只生产集成吊顶，电器需业主后配，因此有些集成吊顶的电器存在安全隐患。所以装修业主在购买

设计：姜鑫

设计：姜鑫

设计：姜鑫

设计：姜鑫

设计：李楠

时最好是选择品牌电器，别贪图便宜。

8. 选购时最好选择品牌产品。品牌产品无论从质量上还是服务上相对而言都比较规范，也有保障。

■ 铝扣板的五条安装经验

1. 在铝扣板安装的时候，还应该特别注意铝扣板表面的氧化膜和烤漆是否有划伤的痕迹，如果发现，坚决退掉。

2. 铝扣板的安装一般要在厨卫铺完墙地砖之后，在安装之前应该准备好厨卫吸顶灯、排风扇，让工人一并安装。卫生间如果要装浴霸和热水器，注意安装配合好。此外，厨房卫生间吊完顶后，应用胶把四周的边封一下为好。

3. 有些人为了有效利用空间，安装铝扣板的时候让工人尽量贴顶，不过安装铝扣板的规范要求是距离房顶至少要有5厘米。

4. 同样是从有效利用空间的角度考虑，如果顶面有较低的下水管线，可以通过做铝扣板台阶来保证吊顶高度。不宜为了追求卫生间

设计：姜 鑫

设计：解苏鑫

设计：大连金世纪装饰　尚英杰

设计：梁宏磊

设计 刘 洋

装修秘籍

顶面的平整，在下水管线的最低点安装铝扣板，结果浪费了很多空间，完全没必要。

5. 建议大家选购品牌铝扣板的时候也一定要让厂家专门的工人上门安装。跟其他建材不同的是，铝扣板的安装是收费的，铝扣板商家是要从中谋利的。

■ **吊顶型材的选购技巧**

选购塑钢吊顶型材时，一定要向经销商索要质检报告和产品检测合格证。目测外观质量，板面应平整光滑、无裂纹、无磕碰、能装拆自如、表面有光泽、无划痕；用手敲击板面声音清脆。

PVC板的花色和图案种类很多，多以素色为主，也有仿花纹、仿大理石纹的，它的截面为蜂巢状网眼结构，两边有加工成型的企口和凹榫。挑选这类材料需注意表面应无裂纹和划痕，企口和凹榫应完整平直，相互咬合顺畅，局部没有起伏现象。该板材可弯曲，有弹

设计：栾春阳

设计：姜鑫

设计：刘庆祥

性，用手敲击表面声音清脆，遇有一定压力也不会下陷和变形。它的缺点是耐高温性不佳，长期处于较热的环境中容易变形。

■ 玻璃做顶棚装饰不容忽视的问题

玻璃是深受人们喜爱的一种装饰材料，玻璃顶棚更是广泛应用于门厅走廊装饰。但是只有合理使用玻璃装饰，才能达到安全装点家居的作用。

1. 做玻璃顶棚必须有可靠的结构措施，而且必须与龙骨系统可靠连接。仅靠纸面粘贴是不可靠的，因为黏结界面的两边基材，在外层的材料强度应低于里层材料的强度，尤其是在顶棚上，必须采用较宽的木线或是金属作为框架作支撑。

2. 玻璃吊顶多用于过道。要注意不能在吊顶上大面积使用玻璃，即便使用也要用金属、木条或者石膏把玻璃吊顶隔成方格。在客厅中使用玻璃吊顶时，玻璃的幅面宽度要尽可能小，因为玻璃的抗弯性差，容易碎。

设计：张　峰

设计：张万里

设计：张　伟

设计：宁建明

设计：张　华

设计：安晓冬

装修**秘籍**

　　3. 彩绘玻璃、喷砂玻璃都是做吊顶的好材料。吊顶中使用玻璃材质还有很重要的一点是厚度受限制，因为玻璃自重大，为安全起见，吊顶玻璃厚度一般控制在5～8毫米。

■ **玻璃顶棚验收的六个要点**

　　固定安装分为嵌压式固定、玻璃钉固定、黏结加玻璃钉固定三种。嵌压式固定：安装常用的压条为木压条、铝合金压条、不锈钢压条；玻璃钉固定：安装应将装饰玻璃镜逐块安装；黏结加玻璃钉固定为双重固定安装。验收标准如下：

　　1. 玻璃色彩、花纹符合设计要求，镀膜面向正确。

　　2. 表面花纹整齐，图案排列有序，洁净。

　　3. 镀膜完整，无划痕，无污染。

设计：吴成玉

设计：单玉石

设计：刘哲

设计：栾春阳

设计：邓建金

4. 玻璃嵌缝均匀，填充密实。

5. 槽口的压条、垫层、嵌条与玻璃结合严密，宽窄均匀，裁口割向正确，边缘齐平。

6. 金属条镀膜完整，木压条漆膜平滑洁净。

■ 木质顶棚做好防火处理

　　木材是顶棚中最常用的材料，具有隔声、保温的优点。但其中的木质顶棚、木龙骨和嵌装灯具等位置必须进行防火处理。这主要是为安全考虑，万一顶棚内灯具发热、电线老化引起起火不至于马上引燃顶棚。由于目前国内装饰建材市场上对饰面材料的防火较为重视，反而对装修材料的防火要求差些，未经防火处理的木质材料较普遍，特别是家庭装饰更不注意。所以，木质顶棚中的木质装饰材料应满涂二度防火涂料，以不露木质为准，如用无色透明防火涂料时，应对木质材料表面匀刷两遍，不可漏刷，以避免因电气管线接触不良或漏电产

设计：刘智勇

设计：雷久东

设计：姜　鑫

装修秘籍

生电火花，从而引燃木质材料而导致火灾。

■ 艺术玻璃点缀客厅天花

　　选择艺术玻璃来美化客厅的天花板装饰，不仅别致美观，而且安装简便，更换容易。目前市场上销售的艺术玻璃按加工工艺大致分为彩绘、彩雕两种类型。按加工方法分为热熔、压铸、冷加工后粘贴等类型。在购买时要特别注意彩绘玻璃的品质，图案要线条清晰、无伤痕、色彩鲜艳、立体感强、透光性能佳，但不透明。彩绘玻璃规格的选择应根据客厅面积的大小及家具的色彩、图案等方面综合加以考虑，以求配合得当，给人以美的联想。光源通常都用普通的日光灯，将日光灯置于彩绘玻璃吊顶之内，灯与玻璃之间的距离以20厘米为宜。如果艺术玻璃采用粘贴的技法，一定要关注粘贴所采用的胶水和施胶度。

设计：雷久东

设计：栾春阳

设计：栾春阳

设计：刘 帅

设计：邓建金

■ 地板装点天花空间

　　地板贴顶与地面铺装的最大不同是，出于固定的考虑，顶上铺装地板时需要打木龙骨。横着打木龙骨，间距约40厘米，再使用文钉固定牢即可，也可以在顶面使用大芯板做底板，然后将地板固定在大芯板上。需要注意的是，不管是哪种方式，最好使用红外线水平仪将其校平，避免铺装完的地板出现高低不平或者波浪状，影响美观。与地面铺装一样，安装地板前，顶面需要保持干燥，防止水汽渗透到地板内，导致地板起拱。由于实木地板的变形系数相对要大，所以不建议把实木地板铺在吊顶上，强化地板和实木复合地板是比较理想的地板种类。由于铺装相对麻烦，地板上墙的铺装费用比地面铺装要贵20%～30%。另外，由于地板安装在顶面，一旦出现问题，维修和更换相对比较麻烦。

设计：刘 鑫

设计：奕春阳

设计：林锦峰

设计：祝建深

设计：张 华

装修**秘**籍

■ 防火漆的选购技巧

由于防火漆的外观和普通漆十分相近，价格却比普通漆高，于是，市场上出现了大量假冒的防火漆，这里介绍一种简单的辨别方法，以便在现场对防火漆的质量作初步的检查。在已施工好的基材上切取两三块小样，或取少量样品涂在胶合板上，按实际施工的情况涂刷。正常的情况下，按规定的用量（一般为500克/平方米）施工，一级防火漆的泡层厚度为20毫米以上，二级防火漆的泡层厚度为10毫米以上，泡层应均匀致密。待干透后，用酒精灯的火焰检查，须火焰高度40毫米左右，施加火焰的时间一般为20分钟，以检查涂层发泡情况。防火漆在受到强火灼烧时，会大量发泡膨胀，表面聚集凸起，数分钟内不会出现烧损现象。而假冒伪劣防火漆则基本不发泡，会出现大量散落掉渣的情况，木质基材也会很快发生燃烧破损的现象。

设计：胡风涛

设计：陈丽媛

设计：侯忙忙

■ **天花吊顶中的主要辅料**

　　在吊顶材料中的主要辅料是龙骨。龙骨主要有木龙骨、轻钢龙骨、铝合金龙骨等几种。龙骨是吊顶的基本骨架结构，用于支承并固定和连接顶棚饰面材料，同时连接屋顶或上层楼板。传统的龙骨以木制的为主，缺点是强度小，不防火，易于霉烂。轻钢龙骨属新型材料，它具有自重轻、硬度大、防火与抗震性能好、加工和安装方便等优点。

■ **轻钢龙骨的选购技巧**

　　1. 看轻钢龙骨的壁厚、规格型号是否符合要求。偏薄的龙骨通常力学性能较差，而有些即使力学性能合格，也会引起变形。

　　2. 看轻钢龙骨的表面防锈情况。轻钢龙骨的表面防锈一般采用双面镀锌层和彩色涂层这两种方法。选购轻钢龙骨时要注意看其双面

设计：姜鑫

设计：姜鑫

设计：陈毛豪

装修秘籍

镀锌层或彩色涂层质量是否合格，双面镀锌层或彩色涂层是否均匀一致。另外，装修时最好选用不易生锈的原板镀锌龙骨，避免使用后镀锌龙骨。

3. 要挑选品牌产品。现在市场上轻钢龙骨品牌特别多，加上规格型号不同，以及配件的吊杆、插件、连接件等也种类繁多，非专业人士一般很难从外观确定轻钢龙骨的需求量。所以在挑选轻钢龙骨时最好请专业人员帮助鉴别，尽量选用品牌产品。

■ 使用木龙骨做天花的注意事项

虽然采用轻钢龙骨做吊顶不会受潮变形，但是不方便做造型，因此很多装修业主还是会采用方便做各种造型的木龙骨。

如果选用木龙骨做吊顶，所用木材一定要干燥。白松木就不错，变形系数低，自重也轻。木龙骨上必须刷上防火漆，因为灯具散发的热量对木质会产生影响。木龙骨通常采用木楔加钉来固定，特别要注意垂直受力情况，由于木楔有干缩现象，因而易造成固定不牢。木楔

设计：陆槛槛

设计：姜鑫

设计：姜鑫

设计：林志明

设计：刘庆祥

一般用落叶松制作，它的木质结构紧，不易松动。

■ 三种顶角线的布置特点

　　顶角线起到分割视线的作用，使用后可使房间的立体视觉效果更好，而且很多房子的顶棚和墙相交的阴角线并不平直，使用顶角线后能有效地掩盖。常见的顶角线有以下三种：

　　1. 石膏顶角线。使用经济，效果较好，样式多样，施工简便，衔接处经石膏填补后，没有裂缝。但石膏顶角线的主要成分是石膏，时间长了有的石膏顶角线可能会有掉石膏丝的现象。

　　2. 木顶角线。施工比较复杂，一般用于欧式风格的装修，配合吊顶的装饰。木顶角线造价较高，施工时间长，而且木头容易开裂，刷上油漆的效果要比石膏的差点儿。

设计：孟红光

设计：孟红光

设计：刘 东

装修秘籍

3. 壁纸顶角线。一般用在房间里，与墙纸配合使用，会收到很好的效果，并且施工方便，更换起来也比较容易。

■ 天花吊顶与墙面应留出合适距离

有些工人在安装吊顶饰面板时，将板与墙面紧密靠在一起，误认为相接的缝隙越小越好，其实不然。板材受天气影响，容易发生热胀冷缩的变化，如果板与板或板与墙之间相隔的距离不够大，板材膨胀时就容易互相碰在一起，造成吊顶表面起翘变形，刮完腻子后还会引起接缝处开裂。另外，接缝间距太小，防裂填缝剂也难以填补到缝隙中，根本起不到相应的密封作用，一旦刮完腻子，与墙相接的漆面封条没多久便会开裂脱落。所以在实际安装时，应在板与板或板与墙之间预留5~8毫米的缝隙，这样不但可防止板材之间互相挤压，也有足够空间填封防开裂胶水。

设计：欧阳震华

设计：田壮亚

设计：陈文伟

设计：鞠成巍

设计：胡狸设计

■ 合理施工避免吊顶开裂

吊顶开裂是许多业主装修几年后不得不面对的问题。这是因为某些工人没有科学处理吊顶的连接，因此装修后不久，吊顶的木作部分就出现了开裂。那么，要如何施工才能避免吊顶裂缝出现呢？一般普通的吊顶连接是这样的：两块木板钉在木龙骨上，板与板之间留1厘米左右的距离用AB胶进行连接。如果缝隙留大了，板与板之间会显得不平整；如果缝隙留小了，黏合的力量不够，板很容易开裂。其实，合理的方法是将两块板的连接面削成斜的，放在一起呈V形，中间注入AB胶，这样一来，不仅接缝细密，而且拉力够大。然后，接缝处再用牛皮纸封起来，这样即使温度、湿度发生变化，吊顶也不会出现裂缝了。

设计：刘哲

设计：姜鑫

设计：胡狸设计

设计：陈文伟

设计：陈碧波

装修秘籍

■ 如何避免石膏板吊顶起波浪

　天花吊顶会经常遇到起波浪的问题，一般是以下的一些原因：

　1. 石膏板的封板方向不正确。石膏板的纵向强度一般是横向强度的3倍，所以在安装纸面石膏板吊顶时必须充分利用石膏板的纵向强度，要求石膏板的长度方向和副龙骨方向垂直安装。

　2. 施工现场太潮湿。如果石膏板吸入过多的潮气，增加了自重，最终会导致石膏板起波浪。解决方法是改善施工现场环境，改用12毫米耐水纸面石膏板，板面刷封闭底漆。

　3. 采用老粉做满批腻子。老粉本身吸潮非常严重，如果这种腻子批在石膏板上，一来不断增加石膏板的重量，二来会将腻子内的水分不断输送到石膏板内，时间一长，板材就会变形。解决方法是采用石膏类满批产品（化学干燥，干燥时间一般为90分钟，不受空气湿度

设计：顾忠诚

设计：陈文伟

设计：栾春阳

的影响），或在做满批之前先刷两遍封闭底漆。

地面

　　家居设计和装修的过程中，地面颜色以及材质的选择非常重要。由于地面是整个家居设计的舞台，地面在家居中占的面积也最大，因此地面的颜色就成为了整个家居设计的底色和基础。

　　家居的整体装修风格和理念是确定地面颜色的首要因素。深色调地面的感染力和表现力很强，个性特征鲜明；浅色调地面风格简约现代，清新典雅。其次，要注意地面与家具的搭配。地面颜色要衬托家具的颜色并以沉稳、柔和为主调，因为地面装修属于永久性装修，一般情况下不会经常更换，因此要选择比较中性的颜色。从色调上说，浅色家具可与深色的地面任意组合，但深色家具与深色地面的搭配则

设计：汪 桃

设计：孟 旭

设计：刘 东

设计：1979—新锐、国际、时尚的品牌家居顾问设计公司

设计：1979—新锐、国际、时尚的品牌家居顾问设计公司

设计：顾忠诚

装修秘籍

要格外小心，以免产生"黑蒙蒙"的压抑感。

1. 客厅地面宜选择木地板。客厅是家庭中使用率最高的共用空间，客厅的地板应尽量保持高低一致，严实平整，不适合安装凹凸明显的石料和太过光滑的地砖，容易引起失足、摔跤等意外事故发生。因此，木地板更适合家居使用。地板目前市场上最多的就是复合地板，复合地板又分实木复合和强化复合两大类，其次就是实木地板。这三种地板都有各自的优缺点。

2. 实木地板的优缺点。实木地板由纯高档实木板材着色加工而成，由于木材稀少，相对价位也比较昂贵，贵的东西装到家里非常漂亮，当然也得像宝贝一样对待，平时咱们得有时间好好伺候着，定期打理需打蜡或精油来保养，如若不然，就会开裂起缝，这时就很闹心了。所以针对年轻的上班族来说，不是首选。实木地板脚感好，纹理、色彩自然，硬度稍差。且因其是自然的，故纹理、色彩差别较大，铺装时需打木龙骨，价格相对较高，因此不适合中小户型的家装需求。

3. 实木复合地板的优缺点。实木复合地板其实就是实木地板的替代品，分多层实木复合和三层实木复合。多层实木复合地板为夹板

设计：梁　昆

设计：迟春阳

设计：顾忠诚

设计：1979—新锐、国际、时尚的品牌家居顾问设计公司

设计：1979—新锐、国际、时尚的品牌家居顾问设计公司

式结构，它的表层选用名贵木材旋切成薄木精制，表层下面的基材是将普通木材切刨成薄片，使其纵横交错、多层组合，再用环保防水胶黏合多层薄片经高温高压复合而成，其木材纤维呈网状叠压排列，互相牵引使结构非常紧密，性能比较稳定，克服了天然材质容易变形的缺点。三层实木复合地板由三层实木交错层压形成，表层为优质硬木规格板条镶拼成，常用树种为水曲柳、桦木、山毛榉、柞木、枫木、樱桃木等。中间为软木板条，底层为旋切单板，呈纵横交错状排列。这样的结构组成使三层实木复合地板既有普通实木地板的优点，又有效地调整了木材之间的内应力，改进了木材随季节干湿度变化大的缺点。

实木复合地板具有天然质感，容易安装维护，有防腐、防潮、抗菌且适用于地热等优点。其表层为优质珍贵木材，不但保留了实木地板木纹优美、自然的特性，而且大大节约了优质珍贵木材的资源。实木复合地板价位也相对低于实木，但市场上不同品牌、不同工艺、不同漆面等价位也多种。

4. 强化复合地板的优缺点。强化复合地板俗称金刚板，标准名称为浸渍纸层压木质地板。强化复合地板一般是由四层材料复合组

设计：1979—新锐、国际、时尚的品牌家居顾问设计公司

设计：1979—新锐、国际、时尚的品牌家居顾问设计公司

设计：宋 文

装修秘籍

成，即耐磨层、装饰层、高密度基材层、平衡(防潮)层。其特点为：耐磨又好打理，价格较经济实惠，仿实木花色，花色多样选择范围广，可搭配不同风格家居，广受现代年轻白领所青睐。第一层：耐磨层。主要由Al_2O_3（三氧化二铝）组成，有很强的耐磨性和硬度，一些由三聚氰胺组成的强化复合地板无法满足标准的要求。第二层：装饰层。是一层经密胺树脂浸渍的纸张，纸上印刷有仿珍贵树种的木纹或其他图案。第三层：基材层。是中密度或高密度的层压板。经高温、高压处理，有一定的防潮、阻燃性能，基本材料是木质纤维。第四层：平衡层。它是一层牛皮纸，有一定的强度和厚度，并浸以树脂，起到防潮防地板变形的作用。

优点：① 耐磨：耐磨度为普通漆饰地板的10～30倍。② 美观：可用电脑仿真出各种木纹和图案、颜色。强化木地板花型、花色多，挑选余地大，容易和室内环境、家具颜色配套，色泽均匀，视觉感好。③ 稳定：彻底打散了原来木材的组织，破坏了各向异性及湿胀干缩的特性，尺寸极稳定，尤其适用于地热系统的房间。基材层主要由高密度和中密度板构成，物理性能优于实木。此外，还有抗冲击、抗静电、耐污染、耐光照、耐香烟灼烧、安装方便、保养简单等优点。

设计：郭志刚

设计：黎世红

设计：李浩

设计：李浩

设计：林开新

缺点：水泡损坏后不可修复，脚感稍差。

■ 小户型铺装实木复合地板的优势

　　客厅是家中使用频率最高的地方，其地板的磨损也较为严重。实木复合地板采用优质珍贵木材，不仅具有实木地板的优美纹理及自然特性，而且结构排列紧实，可以有效减少木材收缩、膨胀和变形发生概率，保障了地板的整体稳定性。此外，实木复合地板在用旧后还可经过刨削、除漆，再次油漆翻新使用，使得地板的使用寿命进一步延长，也减少了二次装修的工作量。

　　实木复合地板既保持了实木的脚感好，纹理、色彩自然的各大优点，而且使用高档瞬间光固漆，提高地板表层的耐磨系数及硬度，耐冲击力强，静曲强度高，反复温差不易变形等，并且铺装简单，不用打龙骨，降低了实木开裂变形的概率。表面大多涂以五层以上的优质UV涂料，不仅有较理想的硬度、耐磨性、抗刮性，而且便于清洁。

设计：刘剑

设计：刘剑

设计：张峰

设计：李浩

设计：刘文彬

装修秘籍

实木复合地板芯层大多采用廉价的材料，成本要大大低于实木地板，而且其弹性、保暖性不亚于实木地板。喜欢实木地板又担心开裂的可考虑下实木复合地板。

■ 实木复合地板有哪些铺装方式

在客厅中铺装实木复合地板可以采用多种铺装方式，常见的有龙骨铺装、悬浮式铺装和直接胶粘的方法等。其中，龙骨铺装可进一步增加脚感，方便装修时的复杂布线；悬浮式铺装操作较为简单且维修方便；直接胶粘的方法可以防潮、防震且不易产生响声和缝隙。在具体操作时可根据实际情况选择最适合的铺装方式。

设计：王利昌

设计：刘　鑫

设计：吕永庆

■ 挑选木地板的三个绝招

1. 挑选颜色：再高档的木地板如果不能和家里的色彩统一协调，也是浪费。浅色材质的色彩均匀，风格明快，能充分烘托家庭温馨气氛。这几年比较流行偏白色的木地板，效果不错，就是非常不好清洁。

2. 挑选品质：选择实木地板时，应先从其外观来观察产品质量，板面应平整光洁、宽窄相同、厚薄一致。可先取出若干块，在平地上拼装，手摸、眼看其加工质量精度、拼装是否严丝合缝，检查其厚薄是否一致。而后检查是否呈长方形，地板块的对角误差不得超过1毫米。取两块木地板，面对面贴在一起，贴面间隙不得大于1毫米。好地板应该做工精密，尺寸准确，角边平整，无高低落差。

3. 看是否受潮：地板送货到家后，应看外包装是否有浸湿，注意防潮防虫，以免木地板出现腐烂和虫蛀现象。木地板的色差是由其木质的自身颜色和不同部分以及生长条件决定的，所以不用过于计较。

设计：莫水明

设计：任 欢

设计：宋 文

设计：王利昌

设计：王 琴

设计：王 琴

装修**秘**籍

■ 地板及其辅料有讲究

　　一般购买地板首先要考虑的就是地板的环保性和甲醛释放量，不过铺地板的时候，跟地板一起安装的还有地垫、踢脚线和压条，对以上这三项内容是否环保，可能就不太在乎了。

　　1. 踢脚线：几乎所有的地板厂家用的都是中密度板，而且为了降低成本，他们选用的中密度板质量也实在令人担忧。劣质中密度板不但甲醛超标，而且还会有变形绷断的可能。

　　2. 压条：十家得有九家都是一模一样的铝扣条，上面带横纹的那种。这种压条时间稍长，横纹里就会窝灰，看起来很脏的样子。

　　3. 地垫：从外观上看地垫上面印有各种牌子的名称，仔细看看你会发现，那些字都是后印上去的，而地垫本身的材质也都是一样的。

设计：赵江峰

设计：王　跃

设计：吴文进

设计：谢　展

设计：郑钊杰

■ 木地板如何防潮、防虫

　　1. 首先是选材。选择木地板时要注意选那些无虫眼、无霉斑、无疤节以及含水率达到国际规格的（8%~13%），而且最好选择形变小的硬木树种木地板。

　　2. 其次是铺装前做好木地板的通风透气，尽量减少阴雨天气给木板带来的潮气，减少使用中可能带来的变形、起鼓及缝宽等问题。

　　3. 再次是木地板在铺好并使用一段时间后再打蜡（也叫封蜡），这样可以尽量挥发掉在施工中残留的潮气，延长木地板的使用寿命。

　　4. 最后是在铺设毛板（大芯板或十厘板）前用木龙骨找平地面，每块毛板间距预留1厘米的缝，使地面的潮气容易散发掉，防止木地板起鼓现象发生。另外，可适当洒些防虫剂，以防止害虫的滋生。

设计：陈毛豪

设计：胡 明

设计：敖陈记

装修秘籍

■ 地热客厅地面导热很重要

　　使用地热的客厅因为对地面材料的导热和抗形变能力要求较高，因此地面通常适合铺装地砖，如果喜欢地板材质的话，可以选择强化或实木复合地板，尤其是专门针对地热系统的实木复合地板。这种地板加工和制作工艺较为先进，可以有效控制实木的湿涨干缩问题，导热系数也比较稳定，热传导效率高，保湿性能好，因此非常适合地面供暖系统。

■ 客厅地热地板的加热为什么要循序渐进

　　地热采用的是在地板下埋入发热管道的原理，而任何地板都有遇热膨胀变形的缺陷，因此在给地板加热时一定要循序渐进。第一次升温或长久未开启使用时应缓慢升温，建议每小时升温1°左右，以防止木地板升温过快发生开裂扭曲。在第二年使用地热采暖系统时一定要

设计：李文斌

设计：李文斌

设计：戚 龙

设计：戚 龙

设计：梁宏磊

严格按照规定的加热程序循序渐进，决不能一步升温到位，可以第一天只升温到18°，第二天升温到25°，第三天升温到30°等。地板表面温度不能超过30°。如果超过这个温度，就会影响地板的寿命和使用周期。一般的家庭冬季室内温度达到22°左右就已经很舒服了，所以只要正常升温，就不会影响地热地板下一年的使用。

■ 铺装地板的八条经验

1. 铺装地板前地面要干净平整，如需找平应该提前完成（最好让地板公司上门实地勘测一下地面情况）。

2. 安装地板当天地面必须是干燥的。在此特别提醒爱打扫室内卫生的人，铺装地板的头一天，地面一定不能用湿拖布擦。这样会造成地面渗水，铺完地板以后会返潮。

3. 锯地板的时候粉尘比较大，应该跟工人提出在走廊进行这个环节的操作。不过品牌地板不用你说，工人就会自觉地去走廊。

设计：王玮

设计：王跃

设计：祝建深

设计：崔颖

设计：李文斌

装修**秘**籍

4. 铺装地板一般采用顺光铺装，也就是地板长度方向应垂直于窗户所在墙面。

5. 铺装地板抹胶时，考虑满边缘地涂抹，直到合上地板时胶水会从缝里溢出来，不能只是在板片的两端点上两点。

6. 铺装地板时，一定要让扣条在门的正下方，还应注意门与地面的间距。

7. 强化复合地板磕一下、碰一下都没大事，它的天敌只有水，再好的强化复合地板都不要用太多水擦，更要避免被水泡，否则会变形。

8. 很多业主习惯在卫生间门口的地板上放一块脚垫，其实这是不正确的。因为脚垫受潮后水汽散发得慢，会影响下面的地板，时间长了地板容易变形。不过，如果卫生间外面铺的是地板，也确实应该在那个区域放个脚垫，因为卫生间里的水容易被带到外面的地板上，所以建议把脚垫放在卫生间门里。

设计：王 琴

设计：李芝强

设计：刘 剑

■ **选购竹地板宜讲究对称平衡**

　　由于竹地板硬度高、密度大、质感好，因此其热传导性能、热稳定性能、环保性能、抗形变性能都要比其他木制地板好一些。要保持竹地板稳定性最重要的是看地板结构是否对称平衡。市场上的竹地板以平压式结构的居多，此外，并非竹龄越大的竹材做成的地板越结实，最好的竹材竹龄应该在4~6年。4年以下的没成材，竹质太嫩，竹龄9年的老毛竹皮太厚，使用起来较脆，也不好。太嫩、太老都会影响竹地热地板的稳定性。

■ **挑选瓷砖的四个原则**

　　家庭装修时都要选购瓷砖，怎样买到物有所值、称心如意的瓷砖也有一定的学问，总的来说选购瓷砖的原则是：一看、二听、三滴

设计：宋 文

设计：宋 文

设计：宋 文

设计：王 琴

设计：吴文进

设计：郭志刚

装修秘籍

水、四尺量。

1. 看外观。瓷砖的色泽要均匀，表面光洁度及平整度要好，周边规则，图案完整，从一箱中抽出四五片察看有无色差、变形、缺棱少角等缺陷。

2. 听声音。用硬物轻击，声音越清脆，则瓷化程度越高，质量越好。也可以左手拇指、食指和中指夹瓷砖一角，轻松垂下，用右手食指轻击瓷砖中下部，如声音清亮、悦耳为上品，如声音沉闷、滞浊为下品。

3. 滴水试验。可将水滴在瓷砖背面，看水散开后浸润得快慢。一般来说，吸水越慢，说明该瓷砖密度越大；反之，吸水越快，说明密度稀疏，其内在品质以前者为优。

4. 尺量。瓷砖边长的精确度越高，铺贴后的效果越好，买优质瓷砖不但容易施工，而且能节约工时和辅料。用卷尺测量每片瓷砖的大小周边有无差异，精确度高的为上品。

设计：陈丽媛

设计：王 琴

设计：王 玮

设计：王 琴

设计：王 玮

另外，观察其硬度，瓷砖以硬度良好、韧性强、不易碎烂为上品。以瓷砖的残片棱角互相划，察看破损的碎片断裂处是细密还是疏松，是硬、脆还是较软，是留下划痕，还是散落的粉末，如属前者即为上品，后者即质差。

■ 中小户型选购瓷砖忌比例失调

对于中小户型的客厅而言，如果客厅面积小于30平方米，可以选择600mm×600mm规格以下的，但不能小于400mm×400mm规格的砖。大规格的瓷砖会令客厅宽敞气派、视野开阔，但是大规格瓷砖如果铺贴在面积小的地面上，会使得空间的尺寸搭配不协调；反之，如果大面积地面铺贴了小规格的瓷砖，会显得室内拥挤、烦琐。

设计：郭志刚

设计：龙 威

设计：李 勇

装修秘籍

■ **家装地面到底怎么铺**

　　这个问题的关键不是用什么铺地，而是你得充分了解哪些空间适合用哪些瓷砖，各种材料该怎么搭配。比如：有些朋友希望在客厅铺瓷砖，同时在卧室选择木地板，这样问题就产生了，如果客厅铺普通玻化砖，卧室铺强化复合地板，那么卧室与客厅就会存在3厘米左右的高度差，这主要是由于强化地板下没有打龙骨造成的。

　　那么，是不是在卧室选择实木地板就行了呢？当然不是。通常实木地板由厂家安装都会使用30mm×20mm规格的龙骨，如果为了和客厅的瓷砖找平最好使用50mm×40mm规格的龙骨，但是各个地板厂商对于更换龙骨的服务条款可是不同的。

　　如果希望选择地板与地砖混铺的方式，就一定要规划好，避免不必要的麻烦。下面介绍两种基本搭配方式。瓷砖＋强化地板＝铺地板的房间用水泥灰浆垫高30mm；瓷砖＋实木地板＝地板下采用50mm×40mm规格的龙骨。

设计：七姓瑶家装　戚龙

设计：宋　文

设计：宋　文

设计：李文斌

设计：郑钊杰

■ 中小户型客厅巧设地台

　　中小户型居室以及一些格局不合理的居室，客厅空间通常都比较狭窄、有压迫感。这种情况下不妨拆除客厅的墙壁，打造一个地台，做成榻榻米，再利用推拉门作为可灵活变化的隔断，使这一空间同时具备休息和休闲两种功能，不仅加大了客厅的面积，增加了客厅功能，满足了特别时间段的休闲空间需求，地台还能作为储物空间使用。如果空间够用，还可以再设置一个储物柜，让客厅的使用方式更加灵活。但是，对于有老人和小孩子的家庭，要合理安排地台的位置，因为他们常常会因为忘记梯步的存在而摔跤，尽量绕开通道或是经常走路的位置。

设计：宋 文

设计：王利昌

设计：陈水峰

设计：君悦设计工作室

设计：李文斌

装修秘籍

■ 餐厅、卫生间地面要注意哪些

　　餐厅地面既可以选用瓷砖，也可以参照客厅地面选用复合木地板，瓷砖和复合木地板都因为耐磨、耐脏、易于清洗而受到普遍欢迎。但复合木地板要注意环保性能是否合格，也就是单位甲醛释放量是否达标。瓷砖和复合木地板可选择的款式较多，可适用于各种不同类型的装饰风格。

　　一般而言，卫生间宜选择瓷砖铺装地面，地砖规格一般在300mm×300mm左右为最佳，餐厅地砖规格应该在300mm×500mm左右为最佳，如果餐厅用150mm×150mm的地砖，会觉得过于琐碎杂乱。地砖一定要注意其防滑性能，尤其是家里有老人和小孩的，用了不防滑的地砖，踩在上面不仅不舒服，而且还很容易滑倒。

设计：王 玮

设计：龙 威

设计：七姓瑶家装 戚龙

■ 卧室地板有讲究

　　卧室的地面应该具备保暖性，一般宜采用中性或暖色调。在很多人眼里，卧室应该铺上地毯，让你在赤脚的时候仍然能感觉到温暖和舒适。不过铺地毯无疑加重了清洁的难度，同时，夏季的换洗和储存也颇为麻烦。实际上，绝大多数的卧室都是用了与客厅相同的漆木地板，只是在床边放了一块毛毯，既代替地毯的作用又能增添一定的舒适感。

　　卧室应选择吸音、隔音效果好的装饰材料，地毯和木地板都是卧室地面材料的理想之选。如卧室里带有卫浴，则要考虑到地毯和木质地板怕潮湿的特性，因此卧室的地面应略高于卫浴，或者在卧室与卫浴之间用大理石、地砖设一道门槛，以防潮气。同时，卧室的选材一定要注重环保，毕竟，卧室是我们生活中最重要的生活场所之一，这里是否安全环保，直接关系到我们的健康状况。挑选适合卧室的环保材料也是至关重要的装修环节。

设计：七姓瑶家装　戚龙

设计：七姓瑶家装　戚龙

设计：七姓瑶家装　戚龙

设计：七姓瑶家装　戚龙

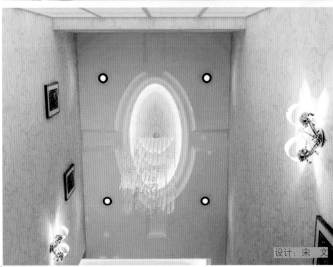
设计：宋　文

设计：王海兵

装修秘籍

■ 地毯的分类及特点

地毯从材质上分为羊毛地毯和化纤地毯。一般家庭的客厅由于清洁的原因，使用化纤地毯较多。羊毛地毯毛质细腻，保温性好，具有良好的抗静电性能，色泽鲜艳，不易褪色，一般用在比较豪华的客厅。但其耐磨性和防潮性较差，尤其易被虫蛀，既影响外观，又缩短使用寿命。化纤地毯质感上接近羊毛，克服了羊毛地毯的易有虫蛀、耐磨性能差等特点，但易产生静电。

■ 辨别优劣羊毛地毯

1. 看外观。优质纯毛地毯图案清晰美观，绒面富有光泽，色彩均匀，花纹层次分明，下面绒柔软，倒顺一致；而劣质地毯则色泽暗淡，图案模糊，毛绒稀疏，容易起球沾灰，不耐脏。

设计：任 欢

设计：王海兵

设计：易 俗

设计：易 俗

设计：张思文

2. 摸原料。优质纯毛地毯的原料一般是精细羊毛纺织而成，其毛长而均匀，手感柔软，富有弹性，无硬根；劣质地毯的原料里面往往混有发霉变质的劣质毛以及腈纶纤维等，其毛短且粗细不均，手摸时无弹性，有硬根。

3. 试脚感。优质纯毛地毯脚感舒适，不黏不滑，回弹性好，踩后很快便能恢复原状；劣质地毯的回弹性差，踩后复原慢，脚感粗糙，且常常伴有硬物感觉。

4. 察工艺。优质纯毛地毯的工艺精湛，毯面平直，纹路有规则；劣质地毯则做工粗糙，漏线和露底处比较多，其重量也因密度小而明显低于优质品。

■ 混纺地毯的选购要点

1. 把地毯平铺在光线明亮处，观看全地毯颜色要协调，不可有变色和异色之处，染色也应均匀，忌讳忽浓忽淡。

设计：张思文

设计：敖陈记

设计：王余锋

装修**秘**籍

　　2. 整体构图要完整，图案的线条要清晰圆润，颜色与颜色之间的轮廓要鲜明。优质地毯的毯面不但要平整，而且应该线头密、无瑕疵。

　　3. 通常以"道数"以及图案的精美和优劣程度来确定档次。道数越多，打结越多，图案就越精细，摸上去就越紧凑，弹性越好，其抗倒伏性也越好。

付赠光盘图片索引（001~120）

鸣谢

中国当代最具潜力的室内设计师（以下排名不分先后）

侯予玄
公司：广州华业鸿图品味装饰。
设计理念：以人为本，创造功能合理、舒适、满足人们物质和精神生活需要的室内空间！

唐丹
设计理念：一切随心，用心去感悟空间，将设计融于人性，将家居带入悠闲自在的情境。

张峰
山西尚阁室内设计工作室。
设计专长：别墅豪宅、星级酒店、办公空间等。

陈文伟
设计理念：把纷繁复杂的生活极简化，远离喧嚣浮华，回归生命本真，推崇自然、简约、富有质感的生活哲学。

李琳飞
本科学历，1985年7月20日出生，2009年毕业于渭南师范学院艺术系设计专业，2007年开始一直从事室内设计至今。

解苏霆
设计独白：让设计与生活融合，成为"生活设计师"。
设计理念："简约自然"，"以人为本"，"简单就是美"。
获奖荣誉：IAI AWARDS 2011自然风绿色设计全球大奖荣获提名奖；2012作品选入《中国创意界年鉴》，2012作品选入《中国建筑空间设计年鉴》。

寇佳男
设计理念：设计师不是在设计房子，而是在设计生活！

刘杰
毕业于广州艺术学院。
擅长风格：现代、欧式、中式、田园等。
设计理念：家，从心开始，人，让心灵释然。

刘洋
设计理念：简约实用的家居设计理念，注重配饰画龙点睛，倡导新装饰主义风格。
擅长风格：后现代风格、新古典欧式、美式田园、新古典中式。

梅力
中国建筑装饰协会会员。
国家注册室内设计师。
曾获中国室内设计大赛优秀奖。
火星时代室内设计大赛优秀奖。
设计理念：设计源于生活的点滴，用心来赋予家的灵魂。

廖易风
上海廖易风建筑装饰工程有限公司，设计总监。
高级室内建筑师，上海市著名室内设计师、中国国际百名设计风云人物。
中国建筑装饰行业优秀设计师。
被《TOP装潢世界》评为十大TOP设计师。
2011年艾特奖最佳住宅空间类奖。

侯宇波
实创装饰公司设计师。

方路沙
长沙非线性设计事务所/方路沙工作室。
设计总监。
注册高级室内设计师。
中国建筑学会室内设计分会会员。
中国室内装饰协会会员。
中国陈设艺术专业委员会会员。

彭政
IDA国际设计师协会上海分会副会长。
香港轩逸设计公司合伙人。
中国建筑师学会室内设计分会会员。
国家注册高级室内设计师。
众多名人豪宅、知名楼盘样板房设计师。

松江典想
典想设计成立至今，一直致力于给大家创造专属于自己的个性化空间。在现在的家庭装饰中，个性化、实用、美观、环保等多方面因素的综合考虑逐渐影响着人们对自己的家居装潢。这是一项既繁杂又系统的工作，而我们典想设计的每一位施工人员，都在竭尽所能地将这项工作做得更出色。

曹军
太原城市人家高端设计师。

姜鑫
设计理念：品味生活、挖掘需求、通过设计手段提升空间内在价值。
设计道路任重而道远，感谢每个注重细节，让我可以在设计路上走得更远的客户……

高智龙
公司：重庆帝博安装有限公司。
资质：三级。
设计专长：休闲娱乐，家装样板，商场，别墅，办公室。
设计理念：功能至上，以人为本。

梁宏磊
内蒙古师范大学国际现代设计艺术学院及经济管理学院，双学士学位。
中国建筑协会室内设计分会会员。
曾任北京今朝装饰集团主任设计师。
北京易美居装饰工程有限公司首席设计师。
2010年至今任职沈阳方林装饰工程有限公司主任设计师。

栾春阳
公司：鸿诺装饰。
设计专长：室内设计、空间设计。

刘庆祥
公司：沈阳名博装饰工程有限公司营口分公司。
设计理念：设计来源于生活，又改变生活。最初的梦想来源于最初的情愫加上最初的灵感碰撞。

张伟
高级建筑室内设计师，长期从事住宅、商业空间设计，风格以简约为主。现任贵州省纳雍县尚品装饰公司、贵州省纳雍县不凡装饰公司设计总监。

张华
工作年限：20年以上。
设计专长：别墅、住宅、公寓、样板房、商铺展示厅。
2006年12月获得全国住宅行业优秀设计师称号。
2008年12月获得全国第七届室内设计双年展优秀奖。

安晓冬
设计理念：设计源于生活——用个性化的生活方式创造无限的空间！
设计风格：现代风格、欧式风格、中式风格、后现代风格。
代表作品：轩苑小区、石敖园、三迪世纪新城、左岸新城、东岭集团、东风佳园、植物园等。

单玉石
公司：黑龙江省大庆市耀扬装饰设计表现会所。
设计独白：亲近——尽善尽美的家居；领悟——精致生活的真谛；记录——走过的美丽；追逐——恒久价值的高度。

刘哲
注册高级室内建筑师。
从事室内设计多年，先后参与过北京高档别墅啊凯迪亚、麦卡伦地、北美风情工程项目和锦州西郡、典逸心洲曼哈顿、锦州港别墅，样板间售楼处的设计配饰工程等。

雷久东
公司：北京紫名都装饰。
资质：四级中级证。
设计专长：室内设计。

刘鑫
室内设计师。
设计风格：现代简约、日式风格等。

祝建深
2011年荣获中国国际设计艺术博览会"2011年度国际环境艺术创新设计-华鼎奖"办公空间一等奖。
2010年荣获"金堂奖-2010CHINA-DESIGNER中国室内设计年度评选（年度优秀别墅设计作品）奖。
2010年荣获中国建筑装饰协会全国"杰出中青年室内建筑师"称号。

陈丽媛
2008年毕业于福建师范大学美术学院——室内设计专业。
主要从事公装设计：办公、医疗、SPA会所、酒店餐饮、商业空间、售楼部、样板房。

林志明
公司：立派空间设计。
设计理念：少即是多。

孟红光
设计专长：现代、简欧。
获奖荣誉：99CAD设计比赛第三名。
设计理念：设计源于生活，享受生活，创造生活。

欧阳震华
公司：亚太 Ant Tribe 高端设计顾问有限公司。
亚太Ant Tribe高端设计顾问有限公司创始人、总设计师、名誉董事，香港设计师协会高级设计师，中国设计师协会高级设计师，国家注册高级设计师，世界500强集团御用设计师，华艺（国际）集团御用设计师。

鞠成巍
不局限于某一种风格，也不束缚于某一种形式，把原有的思维打碎、重拾、组合，量身定做，坚持硬体装饰与软体装饰的和谐统一。
代表作品：富河国际复式、皇家帝苑样板间等。

汪桃
公司：云南创艺集团装饰工程集团贵州有限公司。
代表作品：贵州燃气集团都匀公司办公室设计及施工、贵阳市内楼盘，金阳世纪城、花溪吉林花园、大兴星城、中天花园、金阳碧海花园等优秀楼盘。

孟旭
沈阳建筑大学毕业。
工作时间：2006年至今。
公司：锦州海景装饰公司。

梁昆
2005获三峡大学艺术设计学士学位。
2005年至2007年任上海全筑装饰集团主任设计师。
2009年至2010年任宜昌逍春室内设计有限公司首席设计师。
2011年创办宜昌瑞尚装饰工程有限公司，专业从事别墅、复式、豪宅内装设计与施工。

刘东
设计专长：别墅、办公空间、酒店空间、餐饮空间、娱乐空间。
设计理念：我们还应该认识到设计是设计师和客户共同参与的一项创作活动。设计方案一定要尊重客户的兴趣、职业、爱好。

杨荷英
设计理念：一个完整的家，需要精心的设计，需要轮廓，更需要细节。它不必过于奢华，却能够在空间掠影中自然地呈现出主人的个性爱好，呵护主人的生活习惯，能够为生活带来真正的心情享受和居住方便。

陈毛豪
2004年2月至2005年2月效果图设计师，德文装饰设计。
2003年2月至2004年2月效果图绘图员，标高美术设计。
2002年2月至2003年2月室内设计师，江西华建装饰设计有限公司。

顾忠诚
国家注册建设工程师。
国家注册室内建筑师。
CIID 中国建筑学会室内设计分会会员。
让更多的人使用，享受设计的愉快。设计者懂艺术，但绝不是艺术家。艺术家的作品总是为少数人所有的，但设计类的作品，是为了让更多的人使用。

黎世红
设计理念：让空间"喜怒不行于色"。

刘文彬
设计理念：以人为本，变幻中的实用艺术，用心与艺术产生共鸣。
代表作品：海阳银行九龙支行、南京师范大学生物科学研究院、盐城科树文大酒店。

王利昌
体会生活中的点滴，体验自然的声音，感受内心的世界，设计是生活的。
生活中、自然中的事和物，都是很好的设计，源于自然的，纯粹的，简洁的，这就是我，一个生活中的我。

吕永庆
中国室内装饰行业协会注册室内设计师。
中国建筑装饰行业协会高级室内设计师。
设计理念：艺术来源于生活，在对生活高度概括提炼下所衍生的作品，方可称之为"人性设计"。

莫水明
现任职珠海密诺瓦（中国）店铺服务机构，担任设计总监。
好的设计师不单单具备个人卓越审美魅力与设计风格，更重要的是聆听客户需要的设计才是真正的设计目的。
负责为品牌公司企业店铺室内外与形象设计装饰。

郑钊杰
设计理念：我觉得每个人都是设计师，各有各的审美、追求和独特的思维。
一个设计师成功之处在于："把客户的想法和要求成熟地表现出来。"
当初那不现实的想法，往往是重要的启发。

敖陈记
环境艺术设计专业毕业，拥有多年的家装、公装设计经验。
秉承功能主，形式美的和谐设计理念。
专注于打造人文艺术空间。

戚龙
设计理念：设计本身是一个概念与现实的关系，概念即思想层面上的东西。设计更注重现实，设计的根本是作品的实用性，它应该为人服务，注重现实，贴近生活。
代表作品：保利温泉、泉天下、中天花园、金阳世纪城、碧海花园等。

龙威
设计宣言：设计就是赋予钢筋混凝土以灵魂。

陈君
君悦设计工作室首席设计师。
2006年毕业于哈尔滨师范学院美术系。
2006年5月就职于牡丹江晨达装饰公司，其间取得设计师资格认证。
2008年6月就职于牡丹江乐天装饰公司总设计师。
2010–2012年成立牡丹江市君悦装饰公司，承接室内外装饰工程设计及施工。

王海兵
工作室名称：王海兵设计中心。
工作室地址：广州市天河区江西省各地区。
设计源于生活。以人为本为中心，创造功能合理、舒适优美、满足人们物质和精神生活需要的室内环境！

北　尚　潘自立　张万里　宁建明　邓建金　刘智勇　刘　帅　陈碧波　林开新　陈水峰
侯忙忙　田壮亚　李清涛　吴文进　侯恒清　宋　文　郭志刚　李　浩　刘　剑　任欢
王　琴　王　跃　李　勇　吴成玉　赵隆镇　张锐霖　王志蓝　林锦峰　崔　颖　迟春阳
谢　展　胡　明　王　伟　贾冠楠　于海涛　何　群　才　龙　刘晓会　程伟永　王青
尚英杰　张富强　袁　野　贾建新　刘晓阳　尚　丹　朱琳琳　常亚芬　秦　威　赵江峰
恒浩装饰　铭城设计　寒泉设计　1979家居顾问设计公司　大连金世纪装饰